Nele Klein

The use of sequence information to characterize dairy cattle populations

GRIN Verlag

Bibliografische Information der Deutschen Nationalbibliothek:

Die Deutsche Bibliothek verzeichnet diese Publikation in der Deutschen National-
bibliografie; detaillierte bibliografische Daten sind im Internet über http://dnb.d-
nb.de/ abrufbar.

Impressum:

Copyright © 2012 GRIN Verlag GmbH
Druck und Bindung: Books on Demand GmbH, Norderstedt Germany
ISBN: 978-3-656-38095-5

Dieses Buch bei GRIN:

http://www.grin.com/de/e-book/210021/the-use-of-sequence-information-to-cha-
racterize-dairy-cattle-populations

Hausarbeit im Modul 375
im Studiengang der Agrarwissenschaften

The use of sequence information to characterize dairy cattle populations

vorgelegt von Nele Klein

Kiel, Dezember 2012

Institut für Tierzucht und Tierhaltung

Agrar- und Ernährungswissenschaftliche Fakultät

der Christian-Albrechts-Universität zu Kiel

Tabellenverzeichnis

Abbildungsverzeichnis

Abkürzungen

Abb.	Abbildung
bp	Basenpaare
bspw.	beispielsweise
bzgl.	bezüglich
bzw.	beziehungsweise
ca.	circa
cM	centiMorgan
CM	Mastitis (Clinical Mastitis)
d. h.	das heißt
et al.	und andere (et alii)
GWAS	genomweite Assoziationsstudie (Genome-Wide Association Study)
HOL	Dänisch Holstein (Danish Holstein)
HWG	Hardy-Weinberg-Gleichgewicht
inkl.	inklusive
JER	Dänisch Jersey (Danish Jersey)
LD	Kopplungsungleichgewicht (Linkage Disequilibrium)
M	Million
MAS	Markergestützte Selektion
Mb	Megabase
MME	linear gemischtes Modell (Mixed Model Equations)
QTL	Region eines quantitativen Merkmals (Quantitative Trait Loci)
QTN	Nukleotid eines quantitativen Merkmals (Quantitative Trait Nucleotide)
RDC	Dänisches Rotvieh (Red Danish Cattle)
s.	siehe
SCS	somatische Zellzahl (Somatic Cell Score)
SNP	Einzelnukleotid-Polymorphismen (Single Nucleotide Polymorphisms)
sog.	sogenannte
SSLP	Mikrosatellitenmarker (Simple Sequence Length Polymorphisms)
Tab.	Tabelle

USA	United States of America
VEP	Variant Effect Predictor
WGS	genomweiter Scan (Whole Genome Scan)
~	ungefähr
<	kleiner als

USA	United States of America
VEP	Variant Effect Predictor
WGS	genomweiter Scan (Whole Genome Scan)
~	ungefähr

Inhaltsverzeichnis

1   Einleitung

Im Rahmen des „Seminars zu aktuellen Themen der Nutztierforschung" (Modul 375) im Studiengang der Agrarwissenschaften wurde am 21. November 2012 der Vortrag „The use of sequence information to characterice dairy cattle populations" von Dr. Guldbrandtsen vom Department of Molecular Biology and Genetics der Universität Aarhus gehalten.

Das Hauptziel in der Tierzucht ist es, Individuen mit hohen Zuchtwerten für interessante Merkmale zu selektieren und als Elterntiere für die nächste Generation schnellstmöglich einzusetzen. Somit stellt das primäre Ziel der Genomanalyse bei Rindern die Klärung der Ursachen phänotypischer Variationen auf genetischer Ebene dar. Durch den Nachweis merkmalsassoziierter Genvarianten sowie unterschiedlicher Genexpressionsmuster und der daraus resultierenden Kenntnis der Merkmalsausprägung zugrunde liegenden Mechanismen ist es bspw. möglich die beobachteten Muster und (Un-)Ähnlichkeiten zwischen dänischen Milchviehrassen im Hinblick der individuellen Populationsgeschichte zu interpretieren sowie mittels *Quantitative Trait Loci* (QTL)- und Feinkartierung leistungs- und krankheitsassoziierten Genen und deren Varianten effektiv zu suchen, welches zugleich eine effiziente Rassenüberprüfung gewährleistet.

Das Ziel dieser Arbeit ist es einen allgemeinen Überblick über den von Dr. Guldbrandtsen gehaltenen Vortrag in Hinblick auf die Betrachtung der verschiedenen Aspekte der Anwendung von molekulargenetischen Informationen in der genomischen Charakterisierung und Analyse von verschiedenen Milchviehpopulationen zu geben. Dabei wird zunächst auf die Differenzierung von Rassen auf DNA-Sequenz- und Annotations-Ebene sowie auf die Persistenz von Kopplungsungleichgewichten am Beispiel dreier dänischer Milchviehrassen unter Betrachtung von Sequenzvariationen eingegangen. Zudem wird auch die Identifizierung von QTL, welche einen Einfluss auf die Ausprägung des Merkmals Mastitis haben, bei dänischen Milchviehrassen aufgezeigt.

2 Molekulargenetische Informationen und ihre Anwendung in der Charakterisierung und Analyse von Milchviehpopulationen

Das Genom von Rindern besteht aus 30 Chromosomenpaaren, 29 Autosomen und zwei Geschlechtschromosomen, wobei die DNA des Rindes selbst aus ca. $3*10^9$ Basenpaare (bp) mit einer Länge der genetischen Karte von ~3.000 centiMorgan (cM) besteht (NEUNER, 2009). Um die kausale DNA-Variation von Merkmalsvariationen bei Rindern festzustellen, werden verschiedene Arten von Markern bei der Markergestützten Selektion (MAS) bzw. der genomischen Selektion eingesetzt. Für Rinder wurden die Mikrosatelliten-Marker (SSLP) zuerst von FRIES et al. (1990) beschrieben. Diese stellen mit zwei bis sechs Basenpaaren (bp) kurze, tandemartige, nicht kodierende DNA-Sequenzen, welche im Genom 10-100fach wiederholt auftreten, dar. Bei den seit ca. 2008 vielfältig verwendeten *Single Nucleotide Polymorphisms* (SNP)-Chips, die es ermöglichen ausgewählte Loci oder Chromosomen zu untersuchen, handelt es sich um Polymorphismen in der Genomsequenz an einzelnen Nukleotidpositionen, wobei dies in einem nicht kodierenden Bereich oder in einem Gen stattfinden kann (NEUNER, 2009), welche etwa alle 1.000 Basen auftreten und dann als polymorph bezeichnet werden, wenn die Frequenz der häufigeren Variante < 99% beträgt (LANDGREN et al., 1998). Die ersten *Whole Genome Scans* (WGS), d. h. Kopplungsanalysen zur Messung von Kopplungsungleichgewichten (LD) mit anonymen Markern, wobei sich dabei mehrere Marker in relativ regelmäßigen Abständen auf jedem Chromosom befinden (ANDERSSON, 2001; OLSEN et al., 2002; THALLMAN, 2009), wurden durch GEORGES et al. (1995) initiiert und vermehrt seit ca. 2011 (GULDBRANDTSEN, 2012) durchgeführt.

Es bestehen nach GULDBRANDTSEN (2012) mehrere Arten von Anwendungen molekulargenetischer Informationen.

1) Genomanalyse
   - *Quantitative Trait Nucleotide* (QTN)-Identifizierung
   - Feinkartierung
   - Effiziente Rassenüberprüfung

2) Informationen für genomische Vorhersagen
   - Wahre Kopplungsungleichgewicht (LD)-Informationen
   - Kreuzungszucht-Vorhersagen

3) Studie der Populationsgeschichte
   - *Footprint* der Auswahl
   - Populationsstruktur und Einkreuzung

2.1 Differenzierung von Rassen am Beispiel dreier dänischer Milchviehrassen

Rinder wurden zum einen durch positive natürliche Selektion und zum anderen durch den Einfluss künstlicher Selektion, die in jüngster Vergangenheit insbesondere durch den Einsatz von anspruchsvollen quantitativgenetischen und reproduktiven Techniken begünstigt wird, geprägt. Zudem kann die genetische Variation in einer gegebenen Population durch die Genom beeinflussenden Prozesse Mutation,

Rekombination, Migration, Selektion, genetischer Drift und nicht-zufällige Paarung erhöht werden.

Die drei dänischen Milchviehrassen Dänisch Jersey (*Danish Jersey*, JER), Dänisch Holstein (*Danish Holstein*, HOL) und Dänisches Rotvieh (*Red Danish Cattle*, RDC) wurden in Bezug auf Differenzen in der Menge von Sequenzvariationen betrachtet und verglichen, um Aussagen über den Grad der (Un-)Ähnlichkeit zwischen den Rassen auf DNA-Sequenz- und Annotations-Ebene sowie hinsichtlich der Persistenz von LD zu machen und im Hinblick der bekannten individuellen Populationsgeschichte interpretieren zu können. Für die Datenerhebung wurden nach GULDBRANDTSEN (2012) je Rasse ~30 Bullen, welche den größten genetischen Beitrag an der aktuellen dänischen Milchviehpopulation von JER, HOL und RDC aufweisen, ausgewählt und bis zu einer Tiefe von ~10X sequenziert (GULDBRANDTSEN, 2012; GULDBRANDTSEN et al., 2012). Die Analyse der aus Samenproben stammenden DNA, welche an der Universität Aarhus, Research Center Foulum, Faculty of Agricultural Sciences gewonnen wurde, erfolgte am Beijing Genomics Institute Shenzhen mittels Illumina Sequenzern (Illumina, San Diego, USA) (GULDBRANDTSEN, 2012; GULDBRANDTSEN et al., 2012). Anschließend erfolgte mittels UMD3.1 die Anordnung des Genoms (GULDBRANDTSEN, 2012). Bei dieser Anordnung werden sowohl tausende von Lücken geschlossen als auch viele InDels, welche insbesondere Polymorphismen darstellen, die auf einer kombinierten Deletions/Insertions-Mutation beruhen, Translokationen und Einzelnukleotid-Fehler korrigiert und abschließend ausgerichtet.

2.1.1 Differenzierung von Rassen auf DNA-Sequenz-Ebene

Die Ergebnisse der Analyse zeigten, dass bei den drei Rassen JER, HOL und RDC insgesamt mehr als ~23 Millionen Polymorphismen, worunter im Allgemeinen das Auftreten einer oder mehrerer Genvariationen innerhalb einer Population, wobei hier die Allefrequenz für das variante Allel >1% in der Population ist, verstanden wird, identifiziert werden konnten (GULDBRANDTSEN, 2012; GULDBRANDTSEN et al., 2012). Bei den meisten Chromosomen konnten zwischen 8.000-9.000 Polymorphismen pro Megabase (Mb) beobachtet werden. Bei den Autosomen BTA12, -23, -27 und -29 hingegen liegt mit im Durchschnitt von ~11.000 Polymorphismen pro Mb eine höhere Dichte an Markern vor. Das X-Chromosom BTX weist im Vergleich zu den vorangegangenen Chromosomen mit 4.440 Polymorphismen pro Mb eine wesentlich geringere Dichte von Marken auf. Die Verteilung der Polymorphismen in den Autosomen BTA12, -23, -27 und -29 sowie dem X-Chromosom BTX sind in Tabelle 1 dargestellt.

Tab. 1: Auflistung der Verteilung der Polymorphismen in den Autosomen BTA12, -23, -27 und -29 und dem X-Chromosom BTAX (nach GULDBRANDTSEN, 2012).

Chromosom	Polymorphismen[1]
Most	8-9
BTA12	11,57
BTA23	12,38
BTA27	10,27
BTA29	10,25
BTAX	4,44

1) Die Zahlenangaben sind in 1.000 Polymorphismen pro Mb aufgeführt.

Desweiteren sind die in den drei Milchviehrassen JER, HOL und RDC beobachteten Polymorphismen in Abbildung 1 in Form eines Venn-Diagramms dargestellt.

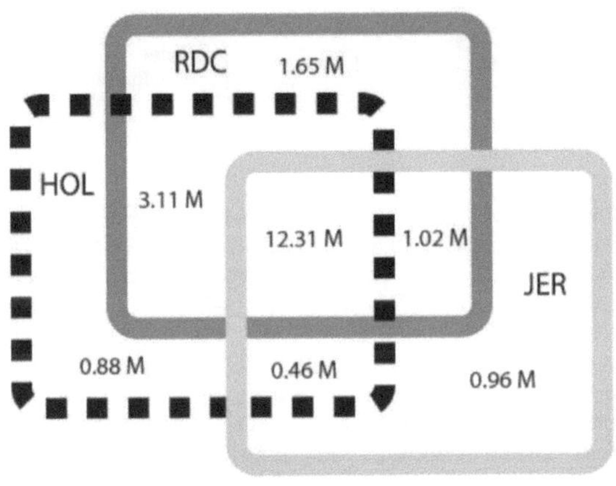

Abb. 1: Venn-Diagramm über die Aufteilung der polymorphen Orte in den drei Rassen JER, HOL und RDC. Die Zahlenangaben sind in Millionen (M) Polymorphismen aufgeführt (nach GULDBRANDTSEN, 2012).

Die Mehrheit der Polymorphismen (12,31M) ist zwischen allen Rassen aufgeteilt, wobei in Bezug der Größe der Überschneidungen an beobachteten Polymorphismen zwischen den Rassen differenziert werden kann (GULDBRANDTSEN, 2012). So liegt zwischen den Rassen HOL und JER die kleinste Überschneidung mit 0,46M + 12,31M und zwischen den Rassen HOL und RDC die größte Überschneidung mit 3,11M + 12,31M vor (s. Abb. 1). Letzteres ist durch den Genfluss von HOL zu RDC bedingt durch die Populationsgeschichte in Form von Einkreuzungen zu interpretieren. So wurde seit ca. 1970 zur Verbesserung der Milchleistung dieser Rasse neben American Brown Swiss (GULDBRANDTSEN, 2012) und nordischen Rotviehrassen wie bspw. Finnisches Ayrshire und Norwegisches Rotvieh (KANTANEN et al., 2000) insbesondere HOL eingekreuzt. Desweiteren werden die meisten individuellen Polymorphismen bei RDC (1,65M) aufgezeigt (GULDBRANDTSEN, 2012). Demnach fast doppelt so viele Polymorphismen wie bei JER (0,96M) und HOL (0,88M). JER ist hingegen weiter entfernt verwandt (GULDBRANDTSEN et al., 2012; KANTANEN et al., 2000).

Diese Aussagen werden durch die Ergebnisse der Frequenzenanalyse der Referenz-Allele in den drei Milchviehrassen JER, HOL und RDC, die in Abbildung 2 dargestellt sind, bestätigt.

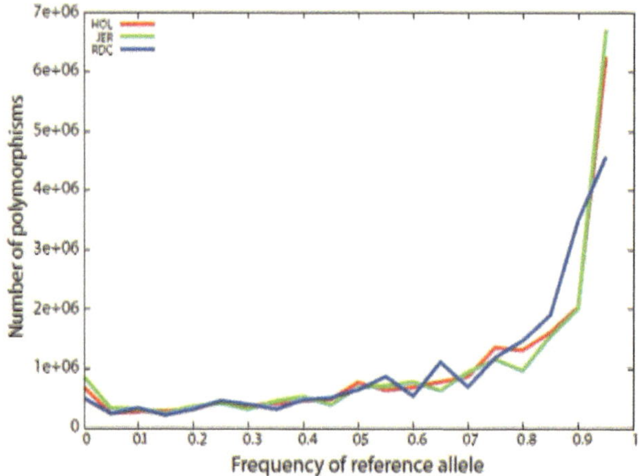

Abb. 2: Diagramm-darstellung der Referenz-Allele der drei Rassen JER, HOL und RDC. Frequenz des Referenz-Allels ist an der X-Achse und die Anzahl der Polymorphismen an der Y-Achse aufgeführt (nach GULDBRANDTSEN, 2012).

In allen drei Rassen dominieren bei den Polymorphismen die Referenz-Allele. Demzufolge liegen die Allele überwiegend in den Referenz-Loci. Jedoch konnten zwischen 500.000-800.000 Abweichungen von den Referenz-Loci verzeichnet werden (GULDBRANDTSEN, 2012; GULDBRANDTSEN et al., 2012). Desweiteren besitzt RDC im Vergleich zu JER und HOL den niedrigsten Anteil an Polymorphismen bei bzw. in der Nähe der Referenz-Loci (GULDBRANDTSEN, 2012; GULDBRANDTSEN et al., 2012). Dies lässt sich zum einen durch die bereits angeführten meisten individuellen Polymorphismen von RDC, die bezogen auf JER (0,96M) und HOL (0,88M) in ein Ausmaß von fast doppelter Anzahl (1,65M) zu beobachten sind, unterstreichen und zum anderen durch den Genfluss in Form von Einkreuzungen begründen. Es ist anzunehmen, dass jeder der eingekreuzten Rassen Allele beigetragen hat, welche eine Differenz zu den Referenz-Allelen aufweisen (GULDBRANDTSEN et al., 2012).

Die Verwandtschaftsbeziehungen der drei Rassen JER, HOL und RDC nach KANTANEN et al. (2000) sind in Abbildung 3 dargestellt.

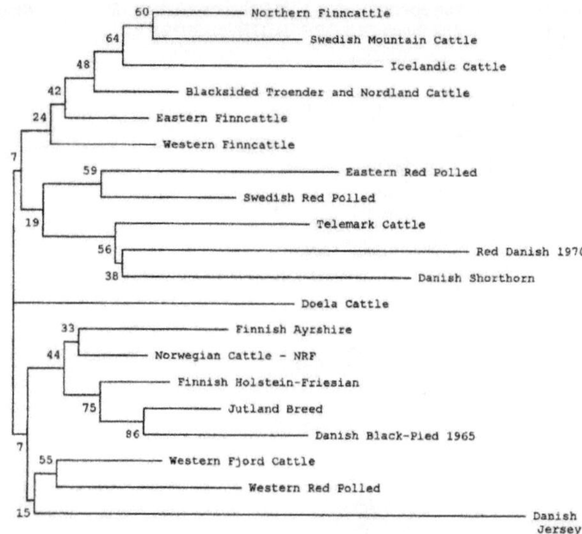

Abb. 3: Stammbaum über die Verwandtschaftsbeziehungen von 20 Nordeuropäischen Rinderrassen (nach KANTANEN et al., 2000).

2.1.2 Differenzierung von Rassen auf Annotations-Ebene

Unter Verwendung des Online-Tools *Variant Effect Predictor* (VEP), welches früher als sog. „*SNP Effect Predictor*" bekannt und veröffentlicht wurde und nach GULDBRANDTSEN (2012) ein Werkzeug darstellt, das eine effiziente Annotation, demnach eine computergestützte Vorhersage von DNA-Sequenzen, von einem großen Pool an Polymorphismen mit funktionellen Informationen ermöglicht, wurde die Lage gefundener Varianten sowie gegebenenfalls ihre Auswirkungen auf die Codierung bestimmt. Hierbei erfolgte basierend auf der ENSEMBL-Datenbank die Einstellung des VEP so, dass ein Transkript ausgewählt wurde. Daraus resultierend wurde jeder Polymorphismus nur einmal gezählt.

Tab. 2: Auflistung der Zählerstände der verschiedenen Arten von Polymorphismen. Die Annotation von VEP basieren auf der ENSEMBL-Datenbank (nach GULDBRANDTSEN, 2012).

Count	Type
48.975	3´ UTR
9.456	5`UTR
380	Coding Unkwon
31	Complex InDel
1.001.298	Downstream
1.362	Essen. Splice Site
1.780	Frameshift
16.033.817	Intergenic
5.876.177	Intronic
70.511	Non-Synonymous
17.470	Splice Site
1.021	Stop Gained
63	Stop Lost
78.065	Synonymous
988.645	Upstream
300	In Mature miRNA
10.268	Non-Coding Gene

Die meisten gemeinsamen Annotations-Typen sind zum einen mit 16.033.817 counts *Intergenic*, d. h. eine Sequenzvariante in der intergenischen Region zwischen zwei Genen (ENSEMBL, 2012), und zum anderen bspw. mit 5.876.177 counts *Intronic*, worunter eine innerhalb eines Introns vorkommende Transkriptvariante verstanden wird (ENSEMBL, 2012). Der geringste auftretende Annotations-Typ mit 63 counts ist *Stop Lost*, eine Sequenzvariante, bei der mindestens eine Base des Stop-Codons geändert und somit das Transkript verlängert wird (ENSEMBL, 2012).

Eine Übersicht bzgl. der Lokalisation der in Tabelle 2 und 3 aufgeführten Annotations-Typen ist als Diagramm in Abbildung 4 dargelegt.

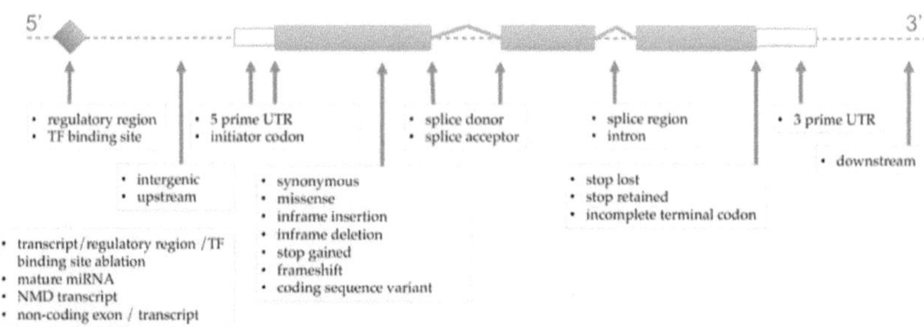

Abb. 4: Diagrammdarstellung der Lokalisation verschiedener Annotations-Typen in Bezug der Transkript-Struktur (nach ENSEMBL, 2012).

Die im Vergleich zu Tabelle 2 kleineren Angaben in Tabelle 3 bzgl. der genetischen Differenzierung der Arten von Polymorphismen sind durch die strengere Filterung und der Verwendung von SNPs als biallele Marker, welche den Vorteil haben, dass sie in einer höheren Anzahl im Genom vorkommen und relativ geringe Mutationsraten aufweisen (LANDGREN et al., 1998), begründet.

Tab. 3: Angaben zur Differenzierung der Rassen (nach GULDBRANDTSEN, 2012).

Annotation	Count	Mean F_{st}	Max F_{st}
Intergenic	12.646.881	0,0725	1,0000
Synonymous	69.594	0.0753	1,0000
Non Synonymous	59.644	0,0729	1,0000
Splice	14.173	0,0702	0,9720
Frameshift	1.258	0,0611	0,5332
Stop Gained	878	0,0671	0,9720
Stop Gained	51	0,0586	0,3041

Wrights Fixationsindex (F) ist ein Maß für die Populationsdifferenzierung durch genetische Struktur und beruht auf Schätzungen von Polymorphismen-Daten. Mittels Wrights F_{st}-Statistik, eines der am häufigsten verwendeten Statistiken in der Populationsgenetik, wird die Verteilung der Genfrequenzen zwischen Populationen als Ergebnis der Wechselwirkung von natürlicher Selektion, Mutation, Migration und genetischen Drift berechnet, wobei F_{st} = 1 bedeutet, dass alle Populationen festgelegt sind und bei F_{st} = 0 sich alle Populationen mit der gleichen Genfrequenz unterscheiden (GULDBRANDTSEN, 2012).

Anhand der F_{st}-Berechnungen konnten große Differenz in *Intergenic-*, *Synonymous-* und *Non Synonymous*-Polymorphismen identifiziert werden (s. Tab. 3).

2.1.3 Persistenz von Kopplungsungleichgewichten (LD)

Das Hardy-Weinberg-Gleichgewicht (HWG) besagt, dass in diploiden Organismen Allele eines Locus zufällig miteinander assoziiert sind und die entsprechenden Genotypen bilden (HECKEL, 2007).

$$p^2 + 2pq + q^2 = 1$$

Es besteht jedoch die Möglichkeit, dass Allelkombinationen von zwei oder mehr Loci nicht zufällig miteinander assoziiert sind, welches als gametisches Ungleichgewicht bezeichnet wird. Das LD ist als Spezialfall des gametischen Ungleichgewicht definiert als die nicht zufällige Assoziation von Allelen, die auf einer geringen physischen Distanz von Loci auf dem Chromosom, d. h. Kopplung, beruht (HECKEL, 2007) und demnach zwischen zwei Loci, die auf einem Chromosom eng beieinander liegen besteht, und deshalb zusammenvererbt werden. Erfolgt jedoch zwischen den genannten eng beieinander liegenden Loci eine Rekombination, d. h. ein Prozess, der dafür sorgt, dass neue Kombinationen von Allelen in Nachkommen entstehen, so werden diese nicht zusammen vererbt. LD entsteht jedoch nicht nur durch Kopplung, sondern auch durch Inzucht, Drift, Genfluss und in geringem Ausmaß durch Mutation (HECKEL, 2007).

Um eine Aussage über das Ausmaß des LD und der Persistenz von LD-Phasen über mehrere Rinderpopulationen machen zu können, wurde entsprechend die Korrelation (r), deren Werte wenn die Allelfrequenzen an beiden Loci identisch sind zwischen -1 und +1 liegen, in jeder der drei Rassen JER, HOL und RDC nach DE ROOS et al. (2008) nach folgender Gleichung berechnet, wobei D : LD-Koeffiziente und p_1, q_1, p_2, q_2: Allelfrequenzen sind.

$$r = \frac{D}{\sqrt{p_1\, q_1\, p_2\, q_2}}$$

Die Korrelation (r) ist abhängig vom Grad der Verwandtschaft der Rassen. So nimmt bspw. in Populationen, die sich obligatorisch auskreuzen und deswegen eine relativ hohe genomweite Rekombinationsrate haben, das LD zwischen zwei Loci mit sehr schnell mit zunehmender Distanz ab.

Jede Kurve in Abbildung 5 zeigt die Persistenz der Kopplungs-Korrelation zwischen einem Paar von Rassen (HOL-JER, HOL-RDC und JER-RDC) beispielhaft am Autosom BTA29 auf.

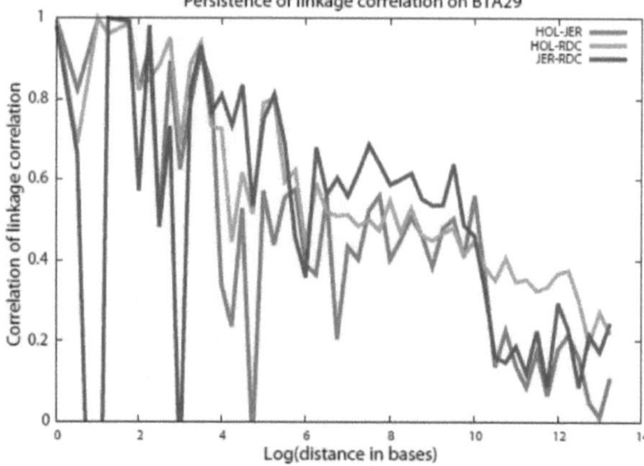

Abb. 5: Diagrammdarstellung.. der Persistenz der Kopplungs-Korrelation bei den drei Rassen JER, HOL und RDC. Der natürliche Logarithmus des Abstands zwischen den Polymorphismen in Basen ist an der X-Achse und die Korrelation bei Paaren von polymorphen Loci ist an der Y-Achse aufgeführt (nach GULDBRANDTSEN, 2012).

Festzuhalten ist, dass bei jeder Kurve zunächst ein rascher Rückgang der Korrelation (r) mit zunehmender Entfernung vorliegt. Bei großen Abschnitten besteht ein geringes Maß an Persistenz von LD und bei sehr kurzen Abschnitten besteht ein hohes Maß an Persistenz von LD (GULDBRANDTSEN, 2012). Im Vergleich ist ein höherer Grad der Persistenz der Kopplungs-Korrelation bei HOL und RDC als zwischen den beiden Rassen und JER gegeben. Der Abstand zwischen JER und den anderen zwei Rassen beträgt ~20.000 Basen (GULDBRANDTSEN, 2012; GULDBRANDTSEN et al., 2012).

2.2 Identifizierung von QTL, welche einen Einfluss auf die Ausprägung des Merkmals Mastitis haben, am Beispiel dänischer Milchviehrassen

Aufgrund der Tatsache, dass die Mastitis des Rindes, deren Ausprägung in klinische und subklinische Mastitis unterteilt wird, der verlustreichste singuläre Krankheitskomplex weltweit in Gebieten mit intensiver Milchproduktion ist (GULDBRANDTSEN, 2012) stellt die Verbesserung der Widerstandsfähigkeit gegenüber der Mastitis ein sehr wichtiges Zuchtziel dar. Durch die geringe Heritabilität (h^2) des Merkmals von 0,05-0,1 (SCHWERIN, 2004), der negativen genetischen Korrelation (r) mit der Milchleistung (SCHWERIN, 2004), sowie der schwierigen objektiven Erfassung, ist es jedoch schwer, zu nennenswerten genetischen Fortschritten durch traditionelle Züchtungsmethoden zu kommen. Somit ist es das Ziel im Rahmen der Markergestützten Selektion (MAS) QTL, welche Chromosomenabschnitte darstellen, die ein oder mehrere segregierende Gene beinhalten welche quantitative Merkmale beeinflussen (ANDERSSON, 2001; BENNEWITZ, 2009), zu identifizieren. Der Merkmalsausprägung zugrunde liegende Genvarianten werden *Quantitative Trait Nucleotide* (QTN) genannt. Unter diesen Gesichtspunkten wurde bei dänischen Milchviehrassen zwecks Datenerhebung eine genomweite Assoziationsstudie (GWAS) für das Merkmal Mastitis mittels Illumina 50k-, 54k- und 777k-Bovine BeadChips (Illumina, San Diego, USA) mit 17.000 Tieren sowie 5.500 Bullen mit sicher geschätzten Zuchtwerten unter Verwendung eines linearen gemischten Modells (MME) durchgeführt (GULDBRANDTSEN, 2012), um eine Aussage über die genetische Veranlagung eines Individuums in Form vorhergesagter Zuchtwerte zwecks Selektion geben zu können, wobei diese Art der genomischen Vorhersage zum Teil von der genetischen Architektur des Merkmals, insbesondere der Anzahl der QTL und deren Wirkung, abhängt.

2.2.1 Anwendung und Nutzen der QTL-Kartierung

Die MAS nutzt Informationen über DNA-Marker, für die innerhalb von QTL-Studien eine signifikante Assoziation mit einem Leistungs- oder Gesundheitsmerkmal gefunden werden konnte. Am größten ist der Nutzen einer MAS für Merkmale mit niedriger bis mittlerer Heritabilität (h^2), für Merkmale die nur schwer oder mit hohen Kosten zu erfassen sind, Merkmale die erst nach der Selektion festzustellen sind oder für geschlechtsgebundene Merkmale (NEUNER, 2009).

Bei der QTL-Kartierung werden Assoziationen bestimmter DNA-Marker mit Ausprägungen bestimmter phänotypischer Merkmale genomweit gesucht (WOLF, 2012) und kartiert, um die Mechanismen individueller Gene und Geninteraktionen besser verstehen zu können und realistische Modelle phänotypischer Variationen aufzustellen. Es gibt verschiedene Ansätze zur Aufdeckung von QTL. Der erste Ansatz basiert auf GWAS von funktionellen Kandidatengenen. Bei dem sog. „Kandidatengen-Ansatz" werden Kandidatengene, das sind Gene, für welche es eine begründete Hypothese gibt, am Krankheitsgeschehen beteiligt zu sein, identifiziert. Die Problematik besteht jedoch darin, dass zum einen eine große Anzahl an Kandidatengenen vorliegt (HINRICHS, 2012) und zum anderen bei einigen Genen die Funktion nicht oder nur unzureichend bekannt ist, was dazu führen kann, dass die Relevanz von Genen, deren merkmalsbezogene Funktion nicht offensichtlich ist, falsch eingeschätzt wird und Gene trotz deren Beteiligung an der

Merkmalsausprägung nicht ausgewählt und analysiert werden (ANDERSSON, 2001). Der zweite Ansatz basiert auf Kopplungsanalysen mit anonymen Markern, wobei sich dabei mehrere Marker in relativ regelmäßigen Abständen auf jedem Chromosom befinden, in Form eines *Whole Genome Scans* (WGS) (ANDERSSON, 2001; OLSEN et al. 2002). Es ist jedoch zu beachten, dass je nach Abdeckung des Genoms und Zielsetzung des Projekts Markerdichte und damit der durchschnittliche Markerabstand variieren kann. Zudem ist eine hohe Markerdichte erforderlich, um ein hohes LD zwischen den Markern und den QTL sicherzustellen (DE ROOS et al., 2008; BENNEWITZ, 2009). Bei Rindern kann durch Anwendung eines *Daughter-* oder *Granddaughter Designs* das LD zwischen QTL und einem der untersuchten Marker und auch zwischen voneinander weiter entfernten Marker- und QTL-Allelen gefunden werden (WELLER et al., 1990).

2.2.2 QTL-Kartierung für das Merkmal Mastitis

Mittels eines MME wird versucht zu beschreiben, wie die Leistung, die hierfür in Effekte unterteilt wird und sich im MME aufsummieren, eines Tieres zustande kommt. In diesem Fall wurden die Zusammenhänge zwischen den Phänotypen und SNPs der dänischen Milchviehrassen durch folgendes MME in Matrix-Notation mittels Maximum-Likelihood-Schätzung geschätzt (GULDBRANDTSEN, 2012; SAHANA et al., 2012).

$$y = X\beta + Za + Wq + e$$

In diesem Modell ist y ein Vektor mit phänotypischen Beobachtungen, β ein Vektor für einen beliebigen fixen Effekt, X die Inzidenzmatrix für den fixen Effekt, Z die Inzidenzmatrix für die zufälligen Rest-Polygenen Tiereffekte a, W die Inzidenzmatrix, die phänotypische Beobachtungen und Schätzer der einzelnen QTL Allele q miteinander verknüpft, und e der Vektor für die zufälligen Residualeffekte (GULDBRANDTSEN, 2012).

Resultat der GWAS, die zur Identifizierung von genetische Faktoren, die Gesundheit und Krankheit beeinflussen, d. h. es wird aufgezeigt, dass ein SNP mit einer Krankheit, in diesem Fall die Mastitis, assoziiert ist, angewandt wird, konnten wie in dem Manhattan Plot in Abbildung 6 gezeigt zum einen Treffer für mehrere Merkmale und zum anderen 61 QTL-Regionen (GULDBRANDTSEN, 2012; SAHANA et al., 2012), wobei die Anzahl der für Mastitis (CM) gefundenen QTL im Vergleich zu denen für die somatische Zellzahl (SCS) wesentlich geringer ist, identifiziert werden (GULDBRANDTSEN, 2012). Dieser große QTL-Effekt erklärt 25% der genetischen Varianz (GULDBRANDTSEN, 2012).

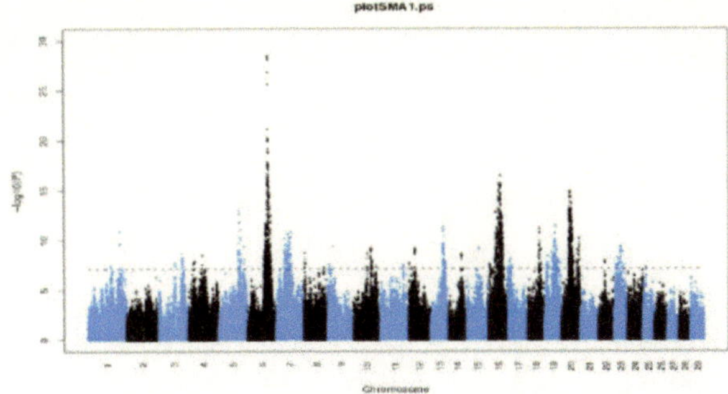

Abb. 6: Manhattan Plot, jeder Punkt repräsentiert ein SNP. Die genomische Lage ist an der X-Achse und die Verbandsebne (P-Werte) für jedes SNP ist als negativer Logarithmus an der Y-Achse aufgeführt (nach GULDBRANDTSEN, 2012).

Um den QTL-Bereich und damit die Anzahl der in Frage kommenden Gene einzugrenzen, wurde im Anschluss des WGS eine Feinkartierung mittels 777k- und 54k-Bovine BeadChips (Illumina, San Diego, USA) durchgeführt, wobei sehr starke Signale und eine Steigerung von mehr als 10 - log (p) Einheiten (Grad der Assoziation) verzeichnet werden konnten (GULDBRANDTSEN, 2012) (Abb. 7). Die erneute Schätzung durch folgendes MME erfolgte inkl. Korrektur durch $W_{best}q_{best}$, d. h. die „besten" Ergebnisse mit BTA6: NPFFR2 oder GC und BTA20: LIFR (GULDBRANDTSEN, 2012) im Modell entfernen das Signal aller anderen SNPs (Abb. 8), so dass eine Hochrechnung bzw. das Ziehen von Rückschlüssen auf Basis kompletter Genomsequenz hinsichtlich der Feststellung der kausalen DNA-Variation von Merkmalsvariationen gegeben ist.

$$y = \mu + Za + W_{best}q_{best} + W'q' + e$$

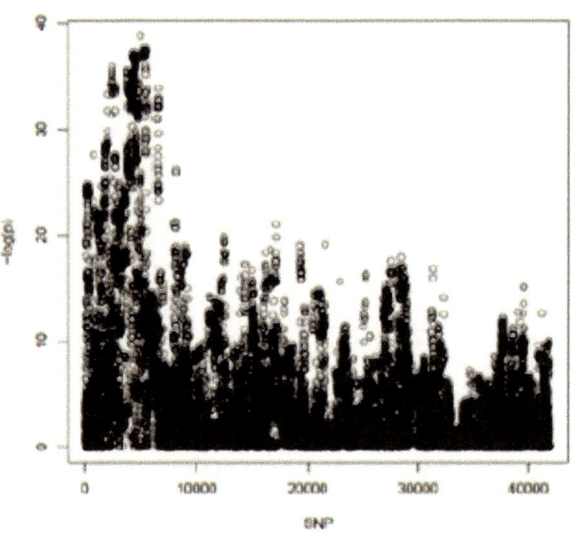

Abb. 7: Manhattan Plot, jeder Punkt repräsentiert ein SNP. Die SNPs sind an der X-Achse und die Verbandsebne (P-Werte) für jedes SNP ist als negativer Logarithmus an der Y-Achse aufgeführt (nach GULDBRANDTSEN, 2012).

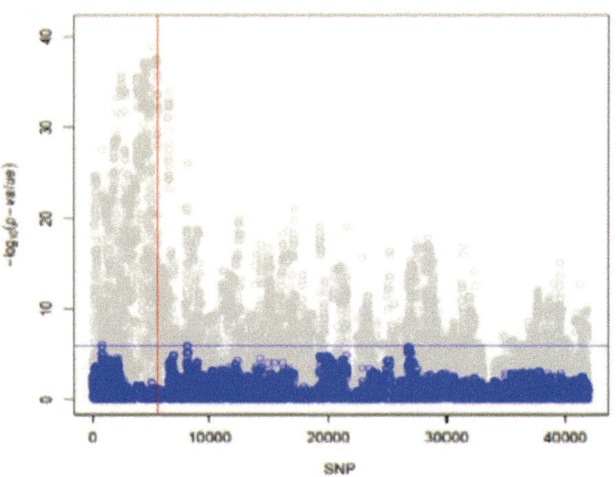

Abb. 8: Manhattan Plot der „besten" Ergebnisse. Die SNPs sind an der X-Achse und die Verbandsebne (P-Werte) für jedes SNP ist als negativer Logarithmus an der Y-Achse aufgeführt (nach GULDBRANDTSEN, 2012).

3 Schlussbetrachtung

Ziel dieser Arbeit war einerseits einen allgemeinen Überblick über den von Dr. Guldbrandtsen gehaltenen Vortrag zu geben und andererseits die aufgezeigten Anwendungen von molekulargenetischen Informationen in der genomischen Charakterisierung und Analyse von drei dänischen Milchviehrassen (JER, HOL und RDC) 1. hinsichtlich der Differenzierung auf DNA-Sequenz- und Annotations-Ebene sowie hinsichtlich der Persistenz von LD und 2. der Identifizierung wirtschaftlich bedeutsamer QTL darzulegen.

1. Die Analyse mittels Illumina Sequenzern (Illumina, San Diego, USA) und anschließender Bearbeitung mit UMD3.1 von ~30 Bullen je Rasse, zeigte mit insgesamt mehr als ~23 Millionen Polymorphismen eine große Menge von Variationen in der DNA-Sequenz-Ebene auf, wobei viele nach VEP basierend auf der ESEMBL-Datenbank große vorhergesagte Effekte aufweisen. Diese Polymorphismen teilen sich zwischen allen drei Rassen im unterschiedlichen Ausmaß auf, welches durch die individuelle Populationsgeschichte interpretiert werden kann. Bzgl. des Genfluss in Form von bspw. Einkreuzungen ist anzunehmen, dass jeder der eingekreuzten Rassen Allele beigetragen hat, welche eine Differenz zu den Referenz-Allelen aufweisen. Dies wird durch die Aussage über das Ausmaß der LD und der Persistenz von LD-Phasen über die drei Rinderpopulationen hinsichtlich des Vergleichs des Grades der Persistenz der Kopplungs-Korrelation bestätigt.

2. Bei den dänischen Milchviehrassen wurde für die Identifizierung von QTL, welche einen Einfluss auf die Merkmalsausprägung der CM haben, eine GWAS sowie eine an den WGS anschließende Feinkartierung mittels Illumina 50k-Bovine BeadChips bzw. 54k- und 777k-Bovine BeadChips (Illumina, San Diego, USA) mit 17.000 Tieren sowie 5.500 Bullen mit sicher geschätzten Zuchtwerten unter Verwendung eines MME durchgeführt. Hierbei konnten Treffer für mehrere Merkmale sowie 61 QTL-Regionen identifiziert werden, wobei die Anzahl der für CM gefundenen QTL im Vergleich zu denen für die somatische SCS wesentlich geringer ist.

Zusammenfassend ergibt sich, dass verschiedene Ebenen der Differenzierung der Rassen von Interesse sowohl für das Verständnis phänotypischer als auch genotypischer Unterschiede zwischen den Rassen sind und durch die Anwendung von molekulargenetischen Informationen ein sehr guter Einblick in die genomische Architektur von dänischen Milchviehpopulationen ermöglicht wird. Dadurch wird ein besseres Verständnis von Differenzierung von Rasse in der DNA-Sequenz Ebene, auf der Annotation-Ebene und in Bezug auf die Persistenz von LD-Phasen erreicht. Zudem kann mit der Identifizierung wirtschaftlich bedeutsamer QTL, wie in diesem Fall das Merkmal Mastitis, eine genetische Verbesserung von Tierpopulationen erzielt werden, wobei die Selektion innerhalb der Population optimiert wird. Dies bedeutet, dass im Rahmen der MAS eine Steigerung des Zuchtfortschrittes in Hinblick auf eine höhere Selektionsgenauigkeit bzw. Selektionsintensität erzielt und somit der „Wert" einer Population dauerhaft mit der durch Nutzung von molekulargenetischer Information in einer Population angereicherten Gene bzw. Allele gesteigert wird. Hinsichtlich der fortschreitenden Weiterentwicklung der SNP-Chips und der damit zur Verfügung stehenden hohen Dichte an Markern ermöglicht eine immer kostengünstigere und erfolgsversprechende Durchführung von GWAS und letztendlich die Identifikation und Analyse von kausalen Genen bzw.

Genvarianten, die einen Einfluss auf weitere Leistungs- und Gesundheitsmerkmale beim Rind haben.

4 Literaturverzeichnis

ANDERSSON, L. (2001)
Genetic dissection of phenotypic diversity in farm animals. Nature Review Genetics 2, 130-138

BENNEWITZ, J. (2009)
Die Grundlagen der genomischen Selektion; Beitrag zum Rinderworkshop. Ülzen, 17.-18. Februar 2009

BRADE, W. (eingesehen 26.11.2012)
Genombasierte Selektion: neue Ansätze in der Rinderzüchtung
www.lwk-niedersachsen.de/index.cfm/portal/1/nav/1092/article/15546.html

DE ROOS, A.P.W.; HAYES, B.J.; SPELMAN, R.J. und GODDARD, M.E. (2008)
Linkage disequilibrium and persistence of phase in Holstein Friesian, Jersey and Angus cattle. Genetics, 179(3), 1503-1512

ENSEMBL (eingesehen 22.11.2012)
www.ensembl.org/Bos_taurus/Info/Index
www.ensembl.org/info/docs/variation/predicted_data.html#consequence
www.ensembl.org/info/docs/variation/vep/index.html

ILLUMINA (eingesehen 22.11.2012)
www.illumina.com/
www.illumina.com/Documents/products/brochures/BovineProductBrochure.pdf

FRIES, R.; EGGEN, A. und STRANZINGER, G. (1990)
The bovine genome contains polymorphic microsatellites. Genomics 8, 403-406

GEORGES, M.; NIELSEN, D.; MACKINNON, M.; MISHRA, A.; OKIMOTO, R.; PASQUINO, A.T.; SARGEANT, L.S.; SORENSEN, A.; STEELE, M.R.; ZHAO, X.; WOMACK, J.E. und HOESCHELE, I. (1995)
Mapping quantitative trait loci controlling milk production in dairy cattle by exploiting progeny testing. Genetics 139, 907-920

GULDBRANDTSEN, B. (2012)
The use of sequence information to characterize dairy cattle populations. Vortrag im Seminar zu aktuellen Themen der Nutztierforschung. Kiel, 21. November 2012

GULDBRANDTSEN, B.; LUND, M.S. und SAHANA, G. (2012)
Differentiation of three danish dairy cattle breeds using whole genome sequences. Manuskript

HECKEL (2007)
Rekombination. Einführung in die Populationsgenetik. Friedrich-Schiller-Universität Jena, SS2007
www.uni-jena.de/unijenamedia/Downloads/faculties/bio_pharm/ls_genetik/
Teaching/PopGenHeckel/recombination_handout-EGOTEC-I.pdf

HINRICHS, D. (eingesehen 22.11.2012)
Linkage disequilibrium und Linkage equilibrium. Nutzung der Genomanalyse in der Tierzucht (Modul 335), Christian-Albrechts-Universität zu Kiel
www.tierzucht.uni-kiel.de/vorlesungsunterlagen/modul_335/
Dirk_Genomanlyse100111.pdf

KANTANEN, J.; OLSAKER, I.; HOLM, L.-E.; VILKKI, J.; BRUSGAARD, K.; EYTHRSDOTTIR, E.; DANELL, B. und ADALSTEINSSON, S. (2000)
Genetic diversity and population structure of 20 North European cattle breeds. The Journal of Heredity, 91(6), 446-457

LANDGREN, U.; NILSSON, M.; KWOK, P.-Y. (1998)
Reading bits of genetic information: Methods for Single-Nucleotide Polymorphism Analysis. Genome Research, 8, 769-776

NEUNER, S.J. (2009)
Untersuchungen zur Optimierung von markerunterstützten Zuchtwertschätzverfahren in der Rinderzucht. Dissertation. Schriftreihe des Instituts für Tierzucht und Tierhaltung der Christian-Albrechts-Universität zu Kiel, 170

OLSEN, H.G.; GOMEZ-RAYA, L.; VAGE, D.I.; OLSAKER, I; KLUNGLAND, H.; SVENDSEN, M.; ADNOY, T.; SABRY, A.; KLEMETSDAL, G.; SCHULMANN, N.; KRAMER, W.; THALLER, G.; RONNINGEN, K. und LIEN, S. (2002)
A genome scan for quantitative trait loci affecting milk production in Norwegian dairy cattle. Journal of Dairy Science 85, 3124-3130

SAHANA, G.; GULDBRANDTSEN, B. und LUND, M.S. (2012)
Genetic architecture of clinical mastitis traits in dairy cattle. 4th International Conference on Quantitative Genetics, Edinburgh, 17. Juni 2012. Poster
http://pure.au.dk/portal/files/45990282/ICQG_Goutam.pdf

SCHWERIN, M. (2004)
Wird Mastitisanfälligkeit vererbt? 16. Fachtagung für Landwirte und Tierärzte zu tiergesundheitlichen Problemen. Güstrow, 28. Oktober 2004

THALLMAN, R.M. (2009)
Whole Genome Selection. USDA-ARS, U.S.MARC
http://animalscience.ucdavis.edu/animalbiotech/Outreach/Whole_Genome_Sel ection.pdf

WELLER, J.I.; KASHI, Y. und SOLLER, M. (1990)
Power of daughter and granddaughter designs for determining linkage between marker loci and quantitative trait loci in dairy cattle. Journal of Dairy Science 73, 2525-2537

WOLF, E. (eingesehen 26.11.2012)
Nutztiere - quo vadite? Neue Wege durch funktionale Genomanalyse.
www.fugato-forschung.de/services/files/pdf/nutztiere_wolf_neu.pdf